AF227713

EXTRAIT

du *Bulletin de la Société des Amis des Sciences naturelles de Rouen,*
2° semestre 1889.

EXTRAIT

DES

PROCÈS-VERBAUX DU COMITÉ DE BOTANIQUE

(ANNÉE 1889)

RECUEILLIS

Par BONNIÈRE-NÉRON,

Secrétaire.

Séance du 10 Janvier 1889.

Sont présents : MM. Bonnière-Néron, E. de Bergevin,
E. Niel, André Le Breton, Rainvillé, Schlumberger.

M. Bonnière-Néron, invité à présider comme doyen d'âge,
prie MM. les Membres du Comité de vouloir bien nommer
un Président par suite du décès de leur regretté Collègue,
M. J.-B. Lieury, décédé le 3 septembre 1888, en sa propriété de Forgettes, à Saint-Jacques-sur-Darnétal.

M. André Le Breton est nommé Président, et M. Bonnière
est désigné pour remplir les fonctions de Secrétaire. M. Le
Breton prend alors la parole et s'exprime en ces termes :

« Mes chers Collègues,

« En m'appelant par vos suffrages unanimes et bienveil-
lants à vous présider, j'ai le sentiment bien vif de l'honneur que vous me décernez, mais en même temps j'ai celui,
plus réel encore, de mon humble personnalité.

« Les fonctions de Président du Comité de botanique ont
été remplies pendant de longues années, avec une compé-

tence absolue, par un Collègue aussi savant que sympa-
thique. Ce n'est donc pas sans une émotion inquiète que je
me vois invité, à cette heure trop tôt venue, à occuper le
fauteuil présidentiel.

« L'étendue du savoir de mon prédécesseur, notre regretté
Président, M. J.-B. Lieury, est trop dans l'esprit de tous
nos Collègues pour qu'il me soit besoin de la leur rappeler.
Elle n'avait d'égale qu'une modestie incomparable, dont
il nous fallait sans cesse triompher. C'est avec empresse-
ment que nous aimions à renouveler son mandat chaque
année, et c'est avec une tristesse mal contenue que nous
envisagions déjà l'avenir où il nous faudrait bientôt compter
avec une maladie impardonnable, faite d'angoisses et de
brutales souffrances.

« Naturaliste dans la grande acception du mot, M. Lieury
joignait, à ses connaissances variées dans toutes les branches
de l'histoire naturelle, un talent supérieur dans l'observa-
tion des faits de la nature et un don spécial à les traduire
avec une clarté convaincante. L'étude des sciences médicales avait été ses premières amours, comme elle avait été le
premier effort de son intelligente activité; mais la science
aimable de la botanique conquit bientôt son estime et en fit
rapidement son adepte privilégié, plein d'enthousiasme, de
zèle, soutenu jusqu'à la fin, malgré l'âge et les infirmités.
Notre Société le comptait, non-seulement comme fondateur
et organisateur de la première heure, mais encore comme
maître autorisé et religieusement écouté. Qui de nous n'a
pas présentes à la mémoire ces conversations, animées autant
qu'originales, qui faisaient le charme des relations rendues
vite intimes et affectueuses par l'urbanité de son caractère
et les qualités exquises d'un cœur excellent qu'il nous
ouvrait sans parcimonie? Laisserons-nous tomber dans
l'oubli ces promenades botaniques, faites sous sa direction,
où, à la joie bruyante des découvertes fructueuses, répon-
dait la succession des récits alertes et imagés de sa jeunesse,
de ses premières armes dans les sciences médicales et

botaniques, l'explosion, sans contrainte, de mots heureux,
d'une tournure d'esprit rieuse, gauloise même, mais toujours de bon ton? Philosophie enjouée, faite d'imprévu,
mais non sans de mélancoliques souvenirs, que sa santé,
déjà ébranlée, éveillait en lui ! Que d'aperçus pétillants
d'humour, sans parler de cette pointe délicate et malicieuse
d'une ironie discrète et courtoise, qui entrait toujours juste
sans blesser jamais ! . . . .

« Le sérieux de l'examen, le scrupule de l'information,
étaient poussés, chez M. Lieury, jusqu'à l'extrême limite,
au point de lui faire tourner et retourner la question sous
toutes ses faces. Le Sage avait écrit assurément à son inten-
tion : « dans le doute, abstiens-toi », formule qu'il chéris-
sait jusqu'à en faire parfois un emploi exagéré. Aussi,
pouvait-il — comme pas un — se prononcer dans les déter-
minations de plantes. Le sujet était creusé, disséqué par le
menu : il fallait se rendre. Guide sûr, prudent, inébranlable,
qui ne transigeait jamais avec l'à peu près.

« Devant son cher herbier de la Société, combien de fois
ne l'avons-nous pas surpris, cherchant preuves en main,
à réviser une détermination qu'il craignait toujours atta-
quable, tant il avait souci d'un nom trop hâtivement donné.

« Prudence et concision : c'était bien là sa devise !

« Si, maintenant, en parlant à moi-même, je regarde en
arrière, je vois mon maître vénéré dirigeant mes premiers
pas vers la botanique mycologique, et éveillant mon cœur aux
jouissances que procure l'étude de la nature. Aux heures de
la souffrance, du découragement maladif, je l'entends encore,
dans sa touchante sollicitude, me réconforter dans la lutte,
me montrer l'avenir moins sombre et me faire renaitre enfin
à l'espérance. Disciple affectueux et qui sait se souvenir,
j'ai trop vécu de sa vie intellectuelle pour ne pas sentir,
plus que tout autre, le vide qui m'entoure, le poids de l'hé-
ritage que je recueille, fardeau glorieux, assurément, mais
trop pesant pour des forces infimes et des capacités absentes.

« Enfin, si j'ai conscience de ma faiblesse, j'ai conscience aussi, mes chers Collègues, des sentiments sympathiques qui vous animent à mon égard ; j'ai confiance dans votre désir de me seconder, de me suppléer, par votre expérience éclairée, aux connaissances qui me sont nécessaires et que j'ambitionne d'acquérir à vos côtés. En me tendant une main si largement ouverte, vous venez déjà au secours de ma seule bonne volonté. La tâche que j'ai à remplir, nous la partagerons ensemble, et elle me sera d'autant plus facile à accomplir, j'en suis convaincu, que j'ai le passé comme exemple. N'y vois-je pas qu'harmonie et concorde, travail, indulgence, entente et bonne humeur ? N'est-ce pas la devise des botanistes en général, et la nôtre en particulier ? »

Ces paroles émues provoquent les applaudissements des Membres du Comité qui adressent à M. André Le Breton leurs félicitations les plus sincères et lui promettent leur zélé concours.

Il est ensuite procédé à la nomination d'un délégué à la Commission de publicité, et d'un autre à la Commission des excursions. Sont élus : M. André Le Breton, et ensuite M. Schlumberger.

Séance du 20 février 1889.

Présidence de M. A. LE BRETON, Président.

Sont présents : MM. A. Le Breton, E. Niel, Rainvillé, Schlumberger, E. de Bergevin et Paumelle.

Sont exposés sur le Bureau :

1° Par M. E. de Bergevin :

Coprinus radians ? Fr.

Trametes hispida Fr. (Forme anomale, résupinée, avec quelques traces de chapeau.)

Isaria species ? — Détermination douteuse par suite

de l'absence des spores et du mauvais état de l'échantillon qui paraît ressembler également à un *Crinula*. M. de Bergevin a recueilli ce sujet sur une chrysalide.

2° Par M. Rainvillé :

Orobanche Hederae. — Récolté au Cimetière monumental, vers la fin d'avril 1888. (Voir séances de la Société des 7 mars et 2 mai 1888.)

Drosera intermedia Hayn.

Par M. E. Niel, et offerts par lui pour l'herbier :

Hymenochaete Cerasi Dév. — Sur *Cerasus avium*, Saint-Aubin-le-Vertueux, mars 1888.

Cette espèce, nouvelle pour la Normandie, a été vue et déterminée par M. Patouillard.

Calocera viscosa Fr. — Sur souches de Sapin, Le Chesnay (Orne), août 1888.

Clavaria fragilis Holmsk. — Parmi les bruyères, sur pelouses. (Même localité.)

Puccinia Epilobii D.C. — Sur feuilles d'*Epilobium hirsutum*. (Même localité.)

Illosporium carneum Fr. — Sur *Peltigera*, à terre, Le Genétay, 17 juin 1888.

Coleosporium Campanulae Lév. — Sur tiges vivantes de *Campanula Rapunculus* Bouffay, près Bernay (Eure), juillet 1888.

Dendrochium rubellum Sacc. var. *Ricini* Sacc. — Sur tige pourrie de Ricin, Saint-Aubin-le-Vertueux (Eure), juillet 1888.

Coryneum umbonatum Sacc. — Sur branches mortes de Chêne, forêt de Roumare.

Coniothyrium Fuckelii. — Sur *Robinia pseudo-acacia*, Saint-Aubin-le-Vertueux.

Melanconium sphaeroideum Link. — Sur *Alnus glutinosus*, Heugon (Orne), août 1888.

Melogramma spiniferum de Not. — Sur écorce de Hêtre, forêt de Roumare, juin 1888.

Cucurbitaria elongata Grev. — Sur *Robinia pseudo-acacïa*, environs de Bernay (Eure).

Diaporthe detrusa (Fr.) Fckl. — Sur *Berberis vulgaris*, Saint-Aubin-le-Vertueux (Eure), 1888.

Diaporthe putator (Vils) Sacc. — Sur *Populus*, Bernay (Eure), août 1888.

Eutypa ludibunda Sacc. (*Eutypa lata* Tul.). — Sur *Aesculus Hippocastanum* décortiqué, Bernay, août 1888.

3° Par M. Paumelle :

Quelques Algues exposées déjà sur le Bureau de la Société à une précédente séance.

On soumet à l'étude de M. Paumelle plusieurs Algues offertes autrefois, sans détermination, par M. Viret.

M. A. Le Breton fait savoir qu'il a recueilli, à Saint-Saëns, le *Clavaria caulescens* Rabenst. Cette espèce, particulièrement intéressante, a été récoltée sur de la tannée. Fries a réuni cette espèce au *Clavaria epichnoa* de Persoon, que ce dernier avait observé précisément sur de la tannée. M. A. Le Breton a observé, avec l'espèce précédente, le *Clavaria Juncea* Fr., si abondant que, vu de loin, il offrait l'aspect d'une couche de neige recouvrant la tannée sur une large surface.

Enfin, M. A. Le Breton signale l'abondance du *Boletus edulis*, au mois de juin dernier, et par contre, sa très-grande rareté, au mois de septembre, époque où il est habituellement le plus commun. Les *Pratelles*, dit-il, ont fait presque défaut cet automne.

Séance du 10 *mars* 1889.

Présidence de M. A. Le Breton, Président.

Sont présents : MM. A. Le Breton, E. Niel, Rainvillé, Bonnière-Néron.

M. le Président communique au Comité une lettre que lui a adressée M. Schlumberger à propos de l'*Orobanche Hederae*. Il a d'abord cherché cette plante dans l'herbier de la Société ; elle n'y existe pas, dit ce Collègue. M. Malbranche, dans son compte rendu de l'excursion à Gisors, le 16 juin 1872, n'en a pas parlé, ce qui ne veut pas dire qu'elle ne se trouvait pas dans le parc de M. Passy. C'est tout simplement une omission de sa part. M. Schlumberger affirme que M. Pinel a rapporté de Gisors plusieurs pieds de l'*Orobanche Hederae*, et que c'est sur l'un de ces pieds, planté chez lui, qu'il a récolté la graine qu'il a semée au bas des lierres, contre les murs de clôture du Cimetière monumental. M. Schlumberger ajoute qu'il se rappelle parfaitement que M. Passy lui a dit avoir semé, déjà depuis longtemps, cette Orobanche au pied de ses lierres, et qu'il considérait cette plante comme naturalisée dans son parc de Gisors. M. Pinel a fait remarquer, à plusieurs reprises, à M. Schlumberger, quelques pieds d'*Orobanche Hederae* au Cimetière monumental, en lui rappelant qu'ils étaient ensemble à Gisors, et que cette plante paraissait vouloir se naturaliser au Cimetière monumental comme elle l'avait fait dans le parc de M. Passy.

Dans une deuxième lettre adressée à M. A. Le Breton par M. Schlumberger, ce dernier le prie de donner connaissance au Comité d'un article de l'*Illustration agricole belge* concernant la culture de la Morille.

Il a observé, dans un terrain qu'il avait fait préparer et ensemencer dans sa propriété des Authieux, depuis trois semaines environ, avec des Morilles desséchées, une formation de *Mycelium*, dans le genre de celui qui se trouve sur les couches de champignons ordinaires. Depuis, il a ensemencé ce terrain, le 9 avril, avec des Morilles fraîches, et il espère une récolte pour l'année prochaine.

(Voir, à la fin de ce procès-verbal, un extrait de l'article sur la culture de la Morille inséré dans l'*Illustration horticole*, t. XXXVI, 1ʳᵉ livraison 1889, page 10. — Mémoire par le baron d'Yvoire.)

M. A. Le Breton offre, pour l'herbier de la Société :
Clavaria epichnoa = Cl. subcaulescens (Sacc. Syll. VI, p. 596.) var. *densa* Roum., récolté, à Saint-Saëns, le 27 octobre 1888.
Clavaria Juncea (Alb. et Schw.) Fr. (Hymen. Eur., p. 677.), f. *intermedia* Roum., *in Revue Myc.*, n° 42, 1889, p. 67. — En compagnie du *Clavaria epichnoa*, sur un vieux tas de tannée, à l'air libre, à Saint-Saëns, le 22 octobre 1888.
Il communique ensuite une note de M. Poussier qui envoie un produit de végétation existant sur un fragment de pain d'Opium de Smyrne. Après un examen attentif, ce produit est reconnu pour être le *Torula chrysosperma* Cord. = *Oospora chrysosperma* Sacc. Syll. IV, p. 21.

Dans la séance du Comité du 20 janvier dernier, M. de Bergevin avait remis à l'examen de M. A. Le Breton : 1° un Champignon qu'il avait trouvé sur un plafond salpêtré d'une vieille maison de la rue Coignebert. D'après M. Le Breton, ce Champignon paraît devoir se rapporter au *Coprinus radians* Fr., et à l'article de Desmazières *in Bull. Soc. Sc. de Lille*, 1828, p. 489, pl. 5 *bis* ; 2° un *Isaria* sur chrysalide, indéterminable par suite de l'absence des organes de la fructification.

EXTRAIT

DE L'ARTICLE SUR LA CULTURE DE LA MORILLE [1]

(Mémoire du Baron d'Yvoire.)

La base d'opération est une plate-bande plantée d'artichauts. Je ne saurais dire pourquoi il y a une affinité entre la Morille et l'Artichaut, mais il est certain que cette affinité existe et qu'un terrain planté d'Artichauts est spécialement propre à la culture de la Morille. A défaut de terrain d'Artichauts, on prendra pour base d'opération un terrain planté de Topinambours. Si le terrain est très-sec, amendez-le en l'arrosant plusieurs fois, pendant l'été, avec de l'eau dans laquelle vous aurez fait dissoudre un peu de salpêtre (une poignée par grand arrosoir). Si le pays que vous habitez ne produit pas naturellement de Morilles, il faut, pour assurer le succès, jeter çà et là quelques Morilles pour semences. Les sèches peuvent suffire, les fraîches présentent un résultat plus certain. Huit ou dix suffisent pour introduire le *Mycelium* dans un espace de trente ou quarante mètres. Une fois que la Morille a été installée, elle se resème d'elle-même, pourvu que l'on renouvelle les conditions de germination et de fermentation que je vais indiquer. En automne, quelques jours avant l'époque où l'on recouvre les Artichauts, répandez autour de leur pied, le plus également possible, du marc de pommes, de manière à recouvrir le terrain d'une épaisseur qui ne doit pas excéder un centimètre. Egalisez avec le rateau, et piétinez là où la couche de marc serait trop forte. Le marc doit être mis en tas peu considérable, et en plein air, pour qu'il ne fermente pas avant d'être étendu. Il est essentiel que ce soit du marc de pommes et non pas de poires. Cette sympathie des Morilles pour le marc de pommes a été déjà signalée par

---

1. Le Comité de Botanique a pensé faire œuvre d'utilité en priant son Secrétaire, M. Bonnière, de rédiger un extrait de l'article sur la culture de la Morille, et en le faisant imprimer dans ses procès-verbaux.

quelques mycologues. Après avoir répandu le marc de pommes, il faut le laisser s'asseoir pendant une ou deux semaines; alors il faut ajouter une seconde couverture, non pas d'engrais, mais de feuilles sèches dont le choix n'est pas indifférent. Les feuilles de Platane donnent un mauvais résultat; elles forment une couverture trop imperméable, trop massive. Les feuilles de Charmilles conviennent bien, ainsi que celles de Hêtre, de Frêne, de Chêne, et enfin un mélange de feuilles diverses que l'automne fait tomber.

Après l'hiver, vers le 1ᵉʳ avril, il faut enlever les feuilles légèrement. De cette opération dépend, sinon la récolte elle-même, du moins la facilité de cette récolte. Si l'on enlève trop complètement les feuilles, le terrain se dessèche; si on laisse trop de feuilles, les Morilles restent cachées et poussent avec moins de régularité. C'est vers le 15 avril qu'on verra paraître les premières Morilles. Il faut les surveiller afin de les cueillir lorsqu'elles on acquis une grosseur moyenne. Dans les années suffisamment humides, et si le terrain n'est pas trop restreint, ont pourra récolter les Morilles, comme on récolte les Asperges, tous les jours ou tous les deux jours. La production naturelle et normale ne dépasse pas habituellement le 15 mai. On pourra peut-être prolonger la production au moyen d'arrosements d'eau salpétrée sur le terrain, en l'abritant sous des toiles humides suspendues de 20 à 30 centimètres du sol.

Séance du 4 juillet 1889.

Présidence de M. A. Le Breton, Président.

Sont présents : MM. E. Niel, E. de Bergevin, A. Le Breton, A. Le Marchand et Rainvillé.

M. le Président donne lecture d'une lettre de M. Émile Bachelet relative à un Trèfle recueilli dans les prairies, à Brémontier-Merval (Seine-Inférieure), et dont l'auteur demande la détermination. Les échantillons qui accompagnent cette lettre sont reconnus pour appartenir au *Trifolium repens* L., affecté d'une curieuse anomalie : *virescence* et *allongement des pédoncules*.

Sont exposés sur le Bureau :

1° Par M. E. Niel, au nom de M. J. Couvey :

Eufragia viscosa Benth. — Récolté à Neuville-sur-Lanfray (Orne), août 1888.

2° Par M. E. Niel :

Rhinanthus minor Ehrh. ⎫
Trifolium ochroleucum L. ⎬ Herbages, à Heugon (Orne).
Orchis viridis Crantz. ⎭
Scirpus compressus Pers. — Terrains de remblai, Petit-Quevilly, près l'usine Deutsch, juin 1889.

3° Par M. E. de Bergevin :

Phleum Boehmeri Wib. ⎫ Coteaux de Saint-Léger-du
Poa compressa L. ⎬ Bourg-Denis, près Rouen,
Orchis odoratissima L. ⎭ juin 1889.

4° Par M. A. Le Breton :

Polyporus hispidus Bull. — Sur des Pommiers, à Croisset près Rouen, juin 1889.

Auricularia Spec. — Cette auriculaire étrangère, qui paraît se rapporter au *Mesenterica*, demande à être examinée de nouveau ; elle provient de la Cochinchine française, à l'Exposition universelle (Esplanade des Invalides). En langage annamite, ce Champignon est appelé « nam meo ». Il est fréquemment consommé dans le pays, sous la dénomination française de « Champignon de bois ». Son prix sur le marché est coté 1 fr. 20 c. le demi-kilo.

M. E. Niel donne lecture d'une lettre de M. Lancelevée, lui signalant la présence du *Biscutella laevigata* à la côte des Deux-Amants.

M. Duquesne, ajoute M. Niel, lui a également fait savoir que le *Vicia hybrida* était abondant près de Pont-de-l'Arche, au dire de M. l'abbé Guttin, et que les *Lepturus incurvatus* et *filiformis* se trouvaient à Conteville (Eure), d'après M. l'abbé Delavoipierre. A propos de la nouvelle station du *Lathraea squammaria* L., dans le département de l'Orne, signalée par M. Letacq, M. Rainvillé déclare se rappeler qu'il a rencontré cette même plante dans la forêt d'Arques, près Dieppe, il y a douze ou quinze ans. Elle végétait au pied d'un Chêne. Ce même Membre fait savoir qu'une touffe superbe de Guy (*Viscum album*) pousse actuellement sur un *Robinsa pseudo-acacia*, dans un jardin de la rue Bihorel, à Rouen.

M. A. Le Breton signale l'intérêt pratique et scientifique de la notice de M. Ad. Dollfus (*Feuille des Jeunes Naturalistes*, n° 225, 1ᵉʳ juillet 1889), sur toutes les sciences naturelles représentées par les différents peuples à l'Exposition universelle. C'est un guide sûr et intéressant qui peut conduire les spécialistes aux expositions si diverses de cette nature, à travers les galeries de chaque pays.

Séance du 19 *décembre* 1889.

Présidence de M. A. Le Breton, Président.

Sont présents : MM. E. Niel, E. de Bergevin, A. Le Breton, Schlumberger et Bonnière-Néron.

Sont exposés sur le Bureau :

1° Par M. E. Niel :

Polyporus connatus Fr. — Sur *Aesculus*, Lunéville (Meurthe-et-Moselle), 25 juillet 1889.

Collybia longipes Fr. ? — Isolé, sur le gazon, Saint-Aubin-le-Vertueux, octobre 1889.

Thelephora anthocephala Fr. — A terre, parmi les Mousses, Saint-Aubin-le-Vertueux, août 1884.

Clavaria cristata Pers. — A terre, à Saint-Aubin-le-Vertueux.

Clavaria flava Schaeff. — A terre, à Saint-Aubin-le-Vertueux.

Calocera viscosa F. — Sur souches.

2° Par M. A. Le Breton, au nom de M. Guillemot, de Tourlaville (Manche):

Hymenophyllum Tunbridgense Sm.

Et *Hymenophyllum Wilsonii* = *H. unilaterale.* — Sur les Roches de l'Orion, au Mesnil-au-Val, près Cherbourg.

M. le Président annonce que la Société a reçu le cinquième fascicule des *Mousses de Normandie*, de notre savant Collègue, M. Etienne. Ce fascicule contient les n°ˢ 201 à 250, avec table alphabétique.

Les Membres du Comité parcourent avec intérêt ces belles et rares Mousses, d'une préparation toujours soignée et d'une détermination rigoureuse, qui font honneur à l'auteur de cette très-utile publication pour la connaissance de notre flore départementale.

M. Schlumberger expose un échantillon de blé de momie égyptienne. Cet échantillon, trouvé dans un sarcophage de momie, en 1887, à Thèbes, a été donné directement, au Caire, par le directeur du Musée de Boulacq à M. Gaston Le Breton, qui l'a apporté à Rouen le 25 avril 1889. Traité en semis, soit à froid, soit à chaud, même avec addition de quatre grammes pour mille de chlorure de chaux ou de chlorure de sodium, il n'a pas germé, mais a pourri, ce qui prouverait que les blés qui avaient germé, au dire de certains voyageurs, n'étaient pas de source authentique [1].

M. le Président invite les Membres présents à procéder à l'élection des Membres du bureau du Comité pour l'année 1890.

M. A. Le Breton est nommé Président, et M. Bonnière-Néron, Secrétaire.

M. Schlumberger est ensuite nommé délégué à la Commission des excursions, et M. Bonnière-Néron, délégué à la Commission de publicité.

MM. A. Le Breton, Bonnière-Néron et Schlumberger, adressent leurs remerciements aux Membres présents.

1. Voir, à ce sujet, la note insérée au Bulletin de la Société.

Rouen. — Imprimerie Julien Lecerf.